Der
Die Ruine
Atem
der Frauenkirche
der
in Dresden
Steine

T B E R L I N

Verlag Hermann Schmidt Mainz

Hans Strehlow (Fotos)
Jens Wonneberger (Text)

Der Atem der Steine

Die Ruine der Frauenkirche in Dresden

Der Reinerlös aus dem Verkauf dieses Buches kommt dem Wiederaufbau der Frauenkirche zugute.

Etwa ein Fünftel der Zeit, die seit dem Bau der Frauenkirche vergangen ist, steht die Kirche als Ruine. Das ist in der Geschichte dieses für das Identitätsgefühl der Dresdner überaus wichtigen Bauwerkes eine bedeutende Zeit, in der auch der zerstörte Bau eine Funktion erlangt hat – als Mahnmal, Denkmal, aber auch als Hoffnungsträger, als Symbol für den Widerstand gegen Krieg und Unterdrückung.

Der Wiederaufbau der Frauenkirche ist nun möglich geworden und steht bevor.

Die Einmaligkeit und Schönheit dieses Baus dokumentieren auch die Bilder der Zerstörung überzeugend, zugleich werden aber der Wunsch und der Wille für den originalgetreuen Wiederaufbau angeregt.

Bundespräsident

Richard von Weizsäcker

hielt

am Ende des

ökumenischen Gottesdienstes

in der

Dresdner Kathedrale

am Abend des 13. Februar 1991

folgende Ansprache:

Mit Versen aus der Offenbarung des Johannes haben wir unseren Gottesdienst begonnen. Wir kamen bis zur Öffnung des vierten der sieben Siegel, unter dem sich die Macht des Todes verbirgt, die Dresdens Schicksal wurde.

Im selben Kapitel lesen wir weiter: »Und die Könige der Erde und die Würdenträger und die Kriegsobersten und die Reichen und die Gewaltigen verbargen sich in den Klüften und sprachen zu den Bergen und Felsen: Fallet über uns her und verberget uns ... vor dem Zorn des Lammes. Denn gekommen ist der große Tag seines Zorns, und wer kann bestehen?«

Wer kann bestehen? Keiner, der in den Kriegen dieser Welt die Macht und die Last der Entscheidung über Leben und Tod trägt, entgeht dieser Frage. Sie ist seit der Johannes-Offenbarung bis in die Gegenwart die gleiche geblieben. Sie stellte sich im Zweiten Weltkrieg, sie stellt sich heute am Golf. Wer kann vor den Opfern der Kriege bestehen? Krieg bringt unsägliche menschliche Leiden, unwiderbringliche Verluste für die Kultur und Zivilisation und zerstörerische Gefährdungen der Natur. Wer kann sie verantworten?

Aber wer kann es umgekehrt verantworten, Unrecht und Gewalt tatenlos geschehen zu lassen? Wer kann beruhigten Gewissens zusehen, ohne zu handeln, wenn der Frieden gebrochen und das Menschenrecht mit Füßen getreten wird? Würde die Untätigkeit am Ende nicht weit höhere Opfer fordern als verantwortungsbewußtes Handeln?

Im Kampf gegen Hitler stand die Welt vor solchen Fragen. Nach anfänglichem Zögern entschloß sie sich zum massiven Widerstand. Die Menschheit würdigt die Verantwortungsbereitschaft, sich gegen Tyrannei und Barbarei zur Wehr zu setzen, sie zu beenden.

Und doch darf niemand die Augen davor verschließen, welche schrecklichen Untaten der Krieg hervorbrachte.

Coventry und Rotterdam, Stalingrad und Warschau zeugen davon. Und was am 13. Februar 1945 den Menschen in Dresden zugefügt wurde, war schwerstes, bitteres Unrecht, menschlich faßbar und hinnehmbar zu keiner Zeit. Es kann nur, wie alle unmenschliche Tat, auf Vergebung hoffen. Es ist gut, daß der Bürgermeister von Coventry heute abend unter uns ist, so wie ich vor drei Monaten mit ihm zusammen in der Kathedrale seiner Stadt war.

Wir müssen es immer wieder versuchen und lernen, einander zu vergeben, neu anzufangen, den gemeinsamen Weg zu Aussöhnung, zu guter Nachbarschaft und freundschaftlicher Zusammenarbeit zu finden.

Dresden, wie die anderen Orte zerstörten Lebens und verwüsteter Kulturen, Dresden soll uns aber auch mahnen, stets von neuem unser Gewissen zu prüfen. Hitler und Saddam als Feinde der Menschheit zu erkennen und ihnen Widerstand entgegenzusetzen, das ist eine harte, aber unentrinnbare und notwendige Konsequenz. Und doch verstummt jedes laute und allzu selbstsichere Wort über die Gerechtigkeit der eigenen Sache im Angesicht der Folgen, die der kämpferische Widerstand für so viele unschuldige Menschen mit sich bringt.

Es ist nicht gut, so zu tun, als wäre alles ganz einfach, wenn man einem bösen Menschenfeind gegenübersteht. Warum die schweren Konflikte im eigenen Verstand und Herzen, im eigenen Gewissen verschweigen, die sich bei der verantwortlichen Wahl der angemessenen Mittel des Kampfes ergeben?

Dietrich Bonhoeffer, den Hitler wegen Widerstandes noch in den letzten Kriegstagen umbringen ließ, war ein tiefgläubiger Christ. Er hat im Innersten mit sich darüber gerungen, welche Mittel der Widerstand erfordere. Er hat sich der Frage gestellt: »Wer kann bestehen?«

Seine Antwort war: »Allein der, dem nicht seine Vernunft, sein Prinzip, sein Gewissen, seine Freiheit, seine Tugend der letzte Maßstab ist, sondern der dies alles zu opfern bereit ist, wenn er im Glauben und in alleiniger Bindung an Gott zu gehorsamer und verantwortlicher Tat berufen ist ...«

Die Vereinten Nationen sind geschaffen worden, um »künftige Geschlechter vor der Geißel des Krieges zu bewahren«. Es gibt keinen Frieden ohne Achtung vor dem Recht. Aber Recht kann nur in Frieden gedeihen, und wo er gebrochen wurde, muß es das Ziel jedes gewaltsamen Widerstandes sein, alsbald durch Frieden dem Recht wieder Raum zu verschaffen.

Am Golf hat das Gebot des Friedens gegenüber dem Aggressor versagt. Das Gespräch hat sich als machtlos erwiesen. Nun bleibt die Pflicht unablässiger Suche nach Möglichkeiten, den Krieg zu begrenzen und abzukürzen. Es ist die Lehre des Infernos von Dresden, täglich an das schreckliche Opfer unschuldiger Menschen zu denken.

Und wenn wir uns hier als Christen versammelt haben, dann wollen wir uns nicht über andere Religionen erheben, sondern wir wollen mit ihnen zusammen den ethischen Kern unseres Glaubens suchen und stärken.

Die drei großen Religionen aus dem Morgenland, Judentum, Christentum und Islam, berufen sich gemeinsam auf den Stammvater Abraham. Sie glauben an den einen Gott. Sie stützen sich auf ein prophetisches Grundethos der Gerechtigkeit, der Liebe und des Friedens. Das Friedensgebot, das Völkerrecht und die Prinzipien der Vereinten Nationen sind universal. Es wäre eine sträfliche Vereinfachung und Überheblichkeit zu behaupten, sie wären dem Islam fremd und der Krieg rechtfertige sich bei Muslimen grundsätzlich anders als im Westen. Auch die islamische Welt weiß, daß Saddam Hussein der Aggressor ist.

Der gemeinsame ethische Kern der drei Religionen gebietet und ermöglicht eine Friedenspflicht für jede mit sich selbst und für jede mit den anderen. Schon Lessing hat sie uns mit seiner Ringparabel im »Nathan« vor Augen gestellt. Gewiß leben wir heute nicht im Zeichen der Aufklärung, sondern weit stärker unter dem allseitigen Einfluß fundamentalistischer Strömungen.

Da fällt den Menschen die Friedenspflicht schwer, um so schwerer, je mehr Not, Hunger und soziale Ungerechtigkeit herrschen. Aber wegen der wissenschaftlich-technischen Entwicklung, die wir ethisch kaum noch beherrschen, im Angesicht der schweren Gefahren für die Umwelt und der übergroßen Armut im Süden wird Frieden zur Bedingung für das Überleben. Die drei abrahamischen Religionen können und müssen dazu beitragen.

Wir Christen müssen den anmaßenden Irrtum ablegen, wir seien der alleinige Hort der Vernunft, der Aufklärung und des Rechts. Selten liegt Schuld allein beim Gegner. Nächstenliebe ist nicht unerfüllbar. Nächstenliebe ist selbst ein Gebot der Vernunft.

Den Trägern der moslemischen Zivilisation ist diese Einsicht nicht verschlossen. So bitter ihre Erfahrungen mit westlichem Verhalten oft waren und sind und so verständlich die Erregung der Massen dagegen ist, so spricht doch das eigene religiöse Erbe und Gebot des Islam für die Verständigung.

Das Judentum unserer Zeit ist vom unauslöschlichen Grauen des Holocaust geprägt. Für das neue Israel hat es zum Überlebenskampf geführt, und wir stehen an seiner Seite. Dabei wird aber die aktive Suche nach Wegen harmonischen Zusammenlebens mit der islamischen Umgebung notwendig. Sie wird zur ethischen und politischen Stärkung für das Überleben führen.

Unrecht und Leid ist im Namen jeder der drei Religionen geschehen. Keine kann aus der Geschichte der beiden anderen Gründe für vermeintlich gerechte Kriege herleiten. Es gibt nur noch eine allen gemeinsame ethische Pflicht: Aus der Geschichte der Gewalt auszutreten und zusammen den gerechten Frieden zu suchen.

Wenn wir der unschuldigen Opfer des 13. Februar 1945 in Dresden in Ehrfurcht gedenken, dann sind wir ihnen diese Lehre für unsere Zeit schuldig.

Alle Wege führen für sie zur Ruine. Es gibt kein Ausweichen. Sie nimmt ihre Einkaufstasche, geht aus dem Haus und steht vor der Ruine. Sie steigt in den Bus, um die Stadt zu verlassen, und steht vor der Ruine. Sie reißt ein Blatt vom Strauch, als könne sie den Anblick mit leeren Händen nicht ertragen. Sie bindet ihren Blick fest an einen Punkt. Zerreibt das Blatt, bis die Fingerspitzen grün sind und kalt. Der Engel balanciert auf den Zehenspitzen. Sie weiß nicht, ob er abhebt oder landet. Ihr Blick fällt von dem Punkt, den sie sich ausgesucht hat. Auf ihren Schuhspitzen liegt Staub. Sie zählt das Geld für einen Kaffee auf den Tisch. Ihr Blick findet wieder den Punkt. Am Rand des Bildes sitzt ein Mann allein an einem der Tische. Die Papierrosette ist feucht und klebt am Glas. Von Zeit zu Zeit holt der Mann eine Büchse aus seiner Tasche und gießt sich nach. Die Kellnerin tut, als sähe sie es nicht. Aus der Innentasche seiner Jacke zieht der Mann ein Päckchen, wickelt das Papier ganz langsam auf und beißt in einen Fisch. Die Fettspuren dunkeln das Papier. Eine Taube hat den Kopf schräggelegt, ihre Federn zittern. Wenn am Himmel Wolken ziehen, droht die Ruine einzustürzen. Nur ihr Blick hält sie fest. Der Engel entflieht dem Blick. Als die Taube auffliegt, ist der Mann eingeschlafen. Junge Leute nehmen die leeren Stühle vom Tisch des Mannes. Erst jetzt ist er einsam. Der Punkt, den sie sich ausgesucht hat, liegt jetzt im Gesicht des Mannes.

Ein Buchstabe. Auf den Stein gemalt.
Da steht er und überdauert die Zeit.
Denken. Dresden. Damals.
Die alte Dame, das Buch auf den Knien, den Blick nach oben gewandt, die schmalen, flatternden Lippen:
Dank, ewiger Dank sei Deiner Liebe.
Die Kuppel über ihr der Himmel.
Ein Zeichen an der Wand. Wie Kinder ein Kreidezeichen an die Hauswand malen. Wie Zielmarkierer Zeichen setzen für die Bomber.
Detonationen. Drunter und drüber.
Draußen dröhnt der Donner.
Und Drinnen wird Draußen. Drachen dringen durch die Dächer.
Dank, ewiger Dank …
Danach. Das Wort hockt wie ein Dämon in den Trümmern. Diaspora der Hoffnung. Die Trümmerfrau im heimischen Dialekt, der Blick verlängert den gekrümmten Rücken:
Dod und Deifel. Diese Drimmer.
Ein Buchstabe auf dem Stein.
Denkmal.
Aus Worten fügt man keine Kuppel.
Trümmer vor der Eingangstür.
Dauer.

Wundenübersät ducken sie sich, fast ängstlich lehnt sich Grat an Grat. Nachts, wenn der Mond hinter der Ruine hockt, liegt der Schatten auf ihnen wie ein Leichentuch und drückt sie noch enger zusammen. Sie haben die Physiognomie der Verbrauchten, ohne Ruhe, nur voller Stille. Und bröckeln den Gräsern Halt um die Wurzeln. Die Sträucher schütteln sich im Wind, sie täuschen eine Landschaft vor. Ein Haufen Steine. Tote Materie. Irgendwann einmal werden sie sich wohl dagegen gewehrt haben, an einen Felsen geklammert, von dem wir sie sprengten, zerteilt in diese kantige Nichtigkeit. Von neuem aufgetürmt für fremden Ruhm, um wieder zu zerfallen von gleicher Hand. Irgendwann werden sie sich wohl dagegen gewehrt haben, in diesem Staub zu versinken. Die verdorrten Blätter in den Ritzen, Preis der herbstlichen Stürme, umhüllen die Steine im fallenden Nebel mit schmierigem Verband.
Ich gehe darüber und zertrete ihre Schreie.

Sie nennen sie Mauerblümchen und meinen ihr stilles, unscheinbares Wesen, ihre Art, sich zu kleiden. Sie nennen sie Mauerblümchen und meinen einen Makel damit. Sie bleibt davon unbeeindruckt. Das ist ihre Art von Stolz. Sie will entdeckt sein. Vom Regen auf der Haut. Vom zweiten Blick. Wenn man sie anspricht, spricht man in gesenkte Augenlider, und wenn sie aufklappen, sieht man seine Geschichte gespiegelt. Sie selbst hat wenig zu erzählen, obwohl sie so viele Geheimnisse weiß. Was der Wind spricht zwischen den Steinen. Was es bedeutet, wenn der Sand aus den Fugen rieselt. Wie der Stein die Wärme hält und sie abstrahlt, wenn die Finger über die Poren gleiten. Wie Geschichten wachsen hinter den Lidern. Was man nicht darf, muß der Traum einem lügen, sagen die Spötter. Was es bedeutet zu leben, sagt sie und sieht sich selbst als Beweis.

Steine, so sagt man, sind kalt, starr, tot.
Doch wenige scheinen im Mondlicht zu atmen, so
gleichmäßig und behutsam wie nur Steine es können.
Voller Erhabenheit und Nachsicht, als wollten sie die
nicht erschrecken, die sie sehen als kalt nur und starr
und tot.
Doch die Nächte sind lang wie der Atem der Steine,
der wie ein Beben ist unter den Füßen der Zweifler.
Wohin den Blick dann wenden, die weit aufgerissenen
Augen, die starr sind, weil der Atem stockt. Und
ein Frösteln rinnt über die Haut, so als lege einer
seine knochige Hand auf die Schulter, behutsam und
wie aus Nachsicht.
Denn Steine, so sagt man, sind kalt, starr, tot.

Und dann wandte sie sich doch noch ab. Als sie ging, glitt das Tuch von ihrer Schulter und legte sich auf seinen Schmerz. Sie ging nicht als Sieger, er blieb als Verlierer zurück. Das Tuch ließ ihn hoffen, sie könne wiederkommen irgendwann. Mit dem Tuch war etwas von ihr geblieben. Ihr Duft war in ihm gefangen, nun fing es seine Tränen. Es verhüllte nicht mehr ihre Schultern, es symbolisierte seinen Schmerz, der nicht zur Ruhe kam beim Anblick dieses Tuches. Manchmal ließ er die Finger über den Stoff gleiten und fühlte ihre Schultern. Der Schmerz trieb neue Blüten. Er legte sie auf den Altar seiner Träume. Als sie welkten, verbarg er sein Gesicht in den Händen, er konnte sich abwenden, doch nichts glitt von seiner Schulter, das Tuch war hart geworden wie sein Schmerz.

Was geschah vor deinen Augen, wie es in Worte fassen, wie es abtrotzen einer Sprache, deren Metaphern müde sind, verjubelt oder verkapselt im Selbstschutz der Gedanken, ein Zungenschlag nur.
Die, die zu dir aufschauen, was werden sie, niederkniend, sehen in deinem schartigen Gesicht?
Sprichst du nun, da dein Lächeln gespalten ist, auch mit gespaltener Zunge?
Streust du nun, da die Wunden nicht heilen in deinem Gesicht, Salz auch in andere Wunden?
Ist dein Blick nun geteilt von dem Riß durch deine Stirn?

♁ *Und Gott schuf den Menschen ihm zum Bilde, zum Bilde Gottes schuf er ihn.*
Und sie schufen ihn zu ehren und seine Boten im Bilde den Bau, schlugen in den Stein das Bild ihrer selbst nach dem Willen des Schöpfers und Herrn.
Da aber der Herr sah, daß des Menschen Bosheit groß war auf Erden und alles Dichten und Trachten ihres Herzens nur böse war immerdar,
da schickten sie selbst sich zu vernichten den Tod vom Himmel mit Dröhnen und Krachen und setzten den Baum*, dem gaben sie den Namen seines Sohnes, auf daß der Fluch nicht verfehle sein Ziel.
Als sie das hörten, erschraken sie, zitterten und fielen auf ihr Angesicht zur Erde.
Und waren gefallene Engel mit zerschlagenem Gesicht.

** Während der Nachtangriffe wurden Leuchtmittel eingesetzt, die man wegen ihres Aussehens mit Christbäumen verglich.*

Solche Mauern zwingen den Gehenden in die Knie. Er setzt die Schritte wie auf schwankenden Grund. Über ihm lastet die Stille der Trümmer schwer auf dem Gewölbe, hoch genug, sich aufzurichten, dennoch hält er den Kopf gesenkt, die Schultern verkrampft, wie zusammengeschnürt um das bangende Herz. Das Wachs der Kerze rinnt über die erstarrende Hand, als er die Gestalt sich lösen sieht aus dem Dunkel. Ruhig tritt sie hervor, als habe sie ihn erwartet, gehüllt in ein Tuch, das auch die Hand nicht freigibt, die sich tastend hebt in die Leere zwischen ihm und ihr. Das Tuch liegt um den Schädel und fließt herab wie schwarzes Haar und modelliert die Höhlungen der Augen, die ihn nicht sehen, nur die Ferne, und in die er blickt wie in vorwurfsvolle Trauer. Und sie nennt ihn ihren Bruder. Und sie nennt ihn ihren Sohn.

Ruhet in Frieden.

Doch es kam der Krieg. Und nach dem Krieg der Frieden war ein Frieden nach dem Krieg. Auf dem Marktplatz lagen die Toten in Haufen, und der Qualm, der aufstieg, war fettig und schwarz. Da galt ein Toter als reich im eichenen Sarg. Mutig nannten die Angststarren ihr Graben, die Brechstange in der Hand und die Axt erhoben gegen den Tod und die Toten. Und fragten nicht nach Moral und nach Glauben zwischen den Trümmern. Denn die Not gebar ihre Tat. Den erhofften Fund gewogen schon in Brot und fanden doch nur ihr kaltes Herz. Noch ehe sie jung sein konnten, waren sie alt und so nahe dem eigenen Tod.

Wenn ihr Frieden findet, ruht.

Einmal aus den Tiefen steigen, und die Sonne steht im Zenit. Das macht die Nachtaugen klein und blind in den Höhlungen des Schädels. Die tastende Hand am kalten Metall des Geländers, den Fuß gesetzt als schwanke der Boden. Das Haar noch klamm vom Lehnen an feuchten Mauern und wirr. Zerfurcht die Stirn von Gedanken, die zurück nicht bleiben wollten.

So, zweifelnd noch, der Gang aus dem Kriechen geboren, den Körper schleppen Stufe um Stufe und ahnend die Treppe endet im Nichts.

Und der Engel auf leichtem Fuß balanciert auf der Spitze der gläsernen Kuppel.

Und die sieben Priester gingen sieben Tage um die Stadt, und als sie bliesen in sieben Posaunen, fielen die Mauern von Jericho, das verschlossen war den Kindern Israels. Sie überstiegen die Mauern mit großem Feldgeschrei, und also gewannen sie die Stadt. Die Stadt war ihnen genommen mit Sirenen und Feuer. Gefallen die Mauern. Und sie irrten durch die Stadt, auf der Zunge kein Feldgeschrei, nur Asche. Und die Last von sieben mal fünftausend Toten. Verschüttet die Schwelle zum geheiligten Raum. Sie waren verloren in der Stadt und wollten die Stadt nicht verlieren, die Hoffnung nicht und den geheiligten Raum. Also hatten sie eine Mauer* gebaut, ihre Hoffnung zu wahren und den geheiligten Raum. Aus den Trümmern bauten sie sie, um zu schützen mehr als nur Trümmer. Und also gewannen sie die Stadt.

** Vor möglicher weiterer Zerstörung wurde der Altar durch eine Mauer geschützt.*

Im Märchen, das die Großmutter dem Kind
vorlas, riß sich ein Zwerg selbst mitten entzwei.
Die Großmutter nannte das den Sieg des Guten über
das Böse. Den Riß, der knirschend durch das
Eis unter den Füßen des Jungen über den Dorfteich
lief, nannte er später das Ende seiner Kindheit.
Der Blitz, der die Linde vor dem Haus spaltete,
zerriß auch das Herz, das er in die Rinde geschnitten
hatte. Seine Initialen in der rissigen Borke des
Stumpfes, eine Hälfte des Herzes am Rande
verkohlt. Aus dem Rest sägte er Brennholz, denn
das Leben müsse weitergehen.
Der Arzt, der dem Sohn gegenübersaß, sprach, in
seinen Unterlagen blätternd, von einem Riß in der
Herzwand. Der Sohn konnte sich an Besonderheiten
nicht erinnern, räumte aber Verletzungen ein,
winzige Verletzungen, an denen der Vater wohl, wie
sich jetzt, leider zu spät, herausstellte, gelitten habe.

Als der Stein gebrochen war aus dem Fels und sie den Rohling behauen hatten zur Form, setzten die Meister ihr Zeichen. Der Sieg im Kampf des formenden Willens über den Widerstand des Steins, errungen mit Kraft und Zartheit, Zähigkeit und Augenmaß. Ein Zeichen der Hoffnung auf das Unzerstörbare in ihnen, das durch sie Geschaffene, das sich fügen sollte Stein um Stein zum Werk. Auch dann, wenn das Auge müde wird, und die Hand das Eisen nicht mehr führt: Unwiderrufliche Initialen, Inschriften gegen die Vergänglichkeit des eigenen Seins, gemeißelt in den Stein im Vertrauen auf Dauer. Denn mit Vergessen stillt die Zeit ihren Hunger.

Als die Formen stürzten zu grauer Masse, zerbrochen, zerschlagen der Bau, blieben die Zeichen, Spuren, die den suchenden Augen Halt geben und die Hoffnung auf Dauer immer noch.

Sie sahen sie blühen, im flackernden Licht der Kerzen, durch die Schwaden von beißendem Rauch, in den Nachtfrösten noch unter schwarzem Himmel, eine Blume, die sie träumten als blau. Mancher stand da, der schämte sich seiner Träume und der Sehnsucht, die die Dichter besungen hatten zu Zeiten, die waren nicht von dieser Welt.

In dieser Welt baute man Kohl an und Rüben in den verlassenen Gärten verstorbener Dichter, die schrieen ein Nein in die Welt und flüsterten doch ihren Wunsch zu einer Hundeblume: … werden wie du …

Denn da war dieser Duft nach Sonne und Meer und nach Honig, der hing zwischen Rüben und Kohl und war wie von einer anderen Welt. Und mancher, der auszog für Kohl und Rüben, war auf der Suche nach einer Blume, die er geträumt hatte als blau.

Die Gläubigen lud sie einst zum Gebet. Zwischen Unsterblichkeit und Tod, der Stundenschlag der Ewigkeit. Geweiht, den Frieden zu verkünden, zu tönen gegen die Mächte der Zerstörung, liegt die Glocke stumm.

Und war dem Himmel doch so nah. Und war der Himmel selbst. Und blieb ihm nah, als sie die Glocken holten von den Türmen und schmolzen zu Kanonen und Granaten. Die Glocke klang auch da wie ehedem.

Der letzte Ton ging unter im Bersten der Mauern, dem Höllenlärm hallte es nach wie ein Schrei. Darüber wächst kein Gras. Der Rost faßt keinen Fuß am Joch. Sie schweigt, wenn ihre Schwestern sie rufen, jährlich zum Tag des Gedenkens, und trägt unter der Haube doch noch immer diesen Schrei.

Einmal, so sagt ein griechisches Märchen, war der Himmel der Erde so nah, daß die Rinder an ihm lecken konnten. Doch der Mensch verärgerte den Himmel, indem er Ochsenmist wider ihn warf, bis der Mond dunkle Flecken bekam. Da sprach der Himmel zum Meere: Gib mir Höhe, und ich will dir Tiefe geben. Und das Meer gab dem Himmel Höhe und der Himmel dem Meer Tiefe, und beide trennten sich voneinander.
Dazwischen stand der Mensch, und der Himmel war ihm zu hoch. Mit den Kuppeln der Kirchen und Dome baute er sich seinen Himmel auf Erden.
Doch in den Himmel stiegen auf die schwarzen Vögel der Rache, die standen gut im Futter und waren fett wie der Größenwahn es gewesen war, die warfen ihren Dreck auch auf die Kuppeln der Kirchen und Dome. Da klebten dunkle Flecken auf den Seelen. Und der Himmel stürzte und war der Erde wieder ganz nah. Wer dazwischen stand, den erschlugen die Steine.

Fest gefügt aus Travertin und Tuff, massige Pfähle, gerammt ins wogende Fleisch des Tiber, ein Koloß und doch kühn mit seinen sich zwischen den Ufern spannenden Bögen: Triumph über die architektonische Impotenz: die Pons Aemilius, die erste steinerne Brücke im alten Rom.

Die Einweihung: Einige Senatoren, lorbeerbekränzt für Taten im Zeichen der Skepsis, die sie auch jetzt noch zögern läßt, der Baumeister aber, Gallionsfigur des Zuges, weist mit einladender Geste auf sein Werk, die Toga weht im Faltenwurf Phidiasscher Figuren. Allerlei neugieriges Volk. Euphorisch begleiten sie diesen Beginn einer großen Hoffnung, von nun an, so tönt es aus dem Mund des Festredners, werden sich die Menschen über all die trennenden Gräben hinwegsetzen, Antagonismen überwinden, mit diesen festgefügten Bögen. Denn dort, wo der Bogen sich schließt, wo er sich rundet und trägt die Last, kann auch der Blick ruhen. Dort verheißt es Sicherheit, dort stimmen die Gesetze der Statik und sagen: der Boden ist fest, auf dem wir stehen.

Nur einer, der hebt seine Hand und weist auf die Mitte der Brücke, doch sein Ruf geht unter im Jubel der Menge. Die Welt ist aus den Fugen, ruft er, und ihr selbst seid das Gesetz. Da nimmt der Zug schon Besitz vom neuen Werk.

So liegt auch ihr Leben vor ihr. Die Ereignisse sind über sie hereingebrochen, eine Last, die sie nicht tragen kann. Sie hat das Gefühl, nicht mehr hineinzugehören in diese Welt, in der die Hülle nur zählt. Ein Pfahl im Fleische, an einer Stelle, dort hing einst das Ehrenkreuz der deutschen Mutter. Die Söhne weiß sie begraben in namenlosen Gräbern irgendwo; in kreuzlosen Gräbern, nur ein Ehrenkreuz auch an ihrer Brust. Die Splitter im Fleisch waren tödlich so nahe am Herzen. Im Gepäck nur die Erinnerungen und die Überzeugung, vom Leben nur einen Pflichtteil an Glück erhalten zu haben. Daß sie den Kopf beim Lachen hochreißt wie ein junges Pferd, manche mögen es für Überschwang halten. So meistert man sein Schicksal, denken sie. Sie freilich weiß es besser. Und sucht in den Trümmern ihr Leben. So nahe am Herzen der Pfahl.

Letzte Nacht, als er die Stirn lehnte gegen die kühle Scheibe, an der der Regen fingerte, und das Licht eines Blitzes, das violett die Trümmersilhouette geschärft hatte, wieder zu Dunkelheit erstorben war, als nur noch das Trommeln des Regens sich in Spannung zu steigern schien, war ihm, nur für einen Augenblick, in dem er den Atem anhielt und das merkwürdige Gefühl hatte, die Zeit sei keine Abfolge, sondern die Bündelung der Ereignisse, die Kuppel der Kirche denkbar als verborgen nur hinter diesem Regen, bis der Donner wie eine Vergegenwärtigung alles, Vergangenes wie Zukünftiges, einstürzen ließ.

Dr. Karl-Ludwig Hoch

Liebeserklärung
an
eine Kirche

Immer kleiner wird die Zahl derer, die sich noch in der Dresdner Frauenkirche »auskennen«. Am Morgen des 14. oder wohl 15. Februars 1945 sah ich vom Loschwitzhang für Minuten die große Kuppel den Rauch und Qualm der untergehenden Stadt überragen. Es war eine Hoffnungsvision am Rande des Abgrundes. Und so rief ich – noch ein Junge – meiner Mutter zu: »Es ist alles nicht so schlimm – die Frauenkirche steht!«

Die Frauenkirche war uns lieb und wert im Sinne des Bibelwortes: »Ich habe lieb die Stätte Deines Hauses und den Ort da Deine Ehre wohnt« (Psalm 26,8). Ich hatte sie oft gezeichnet, besonders gern vom Pavillon am Waldschlößchen. Am Vormittag des 13. Februar habe ich die Frauenkirche aus nächster Nähe vom Judenhof her fotografiert. Nicht, daß wir einen Bombenangriff befürchtet hätten: »Das ist vorbei«, wußten alle Dresdner; die Russen sind schon in Schlesien! Aus der Luft war nichts mehr zu befürchten. Aber unsere Mutter riet uns, das zu fotografieren, was uns in Dresden besonders wichtig war – um es in Kürze auf die wahrscheinliche Flucht mitzunehmen.

Von der Frauenkirche ging eine besondere Faszination aus, es war nicht »irgendeine« Kirche. Wir kannten sie in- und auswendig. Es gab Führungen für Schulklassen. Erst in die Tiefe zu den Katakomben, den Gängen, den Grabkammern, zur Urne mit »George Bährs Asche«. Im Kirchenraum übte mitunter der Domorganist auf der Silbermannorgel – der Nachhall im Gewölbe glich einem Echo. Und dann der Aufstieg auf dem stufenlosen Weg in flachen Windungen zwischen den beiden Außenkuppeln zur Laterne mit der Aussichtsbalustrade. Immer noch hörte man tief unten die Orgelklänge. Und am erstaunlichsten war der Blick durch die untere Kuppelöffnung hinab in die Kirche mit ihren vielen Emporen und dem Ring der Betstübchen. Wo gab es solch einen genialen Kirchenbau in Deutschland?

Mit großer Freude erlebten wir die Wiederweihe der vollständig erneuerten Frauenkirche am 1. Advent, dem 29. 11. 1942. Mit Sondergenehmigung des Reichskonservators war die Renovierung sogar mitten im Krieg möglich geworden. Ein Zeitungsbericht über das abendliche Festkonzert ist erhalten geblieben: »Das Festkonzert zur Wiedereröffnung der seit mehr als 5 Jahren geschlossen gewesenen Frauenkirche hatte den Rang einer Sensation. Johann Sebastian Bach hatte das erste Wort mit dem großen Es-Dur Praeludium. Es folgte Max Reger mit seiner Choralfantasie über ›Ein feste Burg ist unser Gott‹. Domkantor Erich Schneider leitete Domchor, Sophienchor, die Dresdner Philharmonie und einen besonderen Bläserchor. Er hatte den 100. Psalm in der Vertonung von Max Reger gewählt. Das Festkonzert klang aus mit der Bachschen Solokantate ›Jauchzet Gott in allen Landen‹.« (Dresdner Nachrichten, 1. 12. 1942) Der Weihegottesdienst und das abendliche Festkonzert lassen sich kaum beschreiben. Am 3. Advent 1942 führte der Kreuzchor das Weihnachtsoratorium von J. S. Bach in der erneuerten Frauenkirche auf. In diesem Raum, in dem Bach mehrfach selbst die Orgel gespielt hatte, wurde das optische und akustische Erleben zur Einheit.

Zwischen Vollendung und Vernichtung der Kirche – in nur zwei Jahren – führte der Domkantor viele Oratorien auf. Ganz unbesorgt vor etwaigem Luftalarm füllte sich das gewaltige Kirchenrund. Wir saßen immer auf der obersten Empore, schon wegen des einmaligen Rundblicks in das Gotteshaus. Die Kuppel ruhte wie eine Behütung über allen, der Rundbau schloß alle zusammen. Draußen tobte der Krieg. Und es lauerten die Bomben. Am Abend des 13. Februar übte noch die Kantorei bis zu den schrillen Dissonanzen der Sirenen. Der Rest ist Schweigen und Ruine. »Und Jesus antwortete und sprach: wenn diese schweigen, so werden die Steine schreien.« (Lukas 19,40)

Chronologie
der
Frauenkirche

1

2

Im Laufe des 11. Jahrhunderts Errichtung einer romanischen Marienkirche »zu unseren lieben Frauen« als ältester Kirche Dresdens – der Mittelpunkt des Archidiakonates Nisan im Bistum Meißen

1366 Erste urkundliche Erwähnung

1477 Anbau eines gotischen Chores

1672 Beisetzung von Heinrich Schütz im Kirchhof »Unserer lieben Frauen«

1714 Schließung der baufälligen Kirche (Abb. 1: Die alte Frauenkirche in Dresden)

1722 Auftrag für einen Neubau an George Bähr (1666-1738)

1725 Zweitentwurf von Landbaumeister Johann Christoph Knöffel (Abb. 2: West-Ost-Schnitt, Plan von J. C. Knöffel 1725)

26. 8. 1726 Grundsteinlegung (Abb. 3: Grundrißplan von George Bähr 1726)

17. 8. 1731 Erste Audienz des Ratszimmermeisters George Bähr bei König Friedrich I. von Polen (August der Starke)

1732 Vertrag mit Gottfried Silbermann für eine große Kirchenorgel

1733 Beschluß, die Kuppel in Stein auszuführen: »von unten bis oben gleichsam nur ein einziger Stein« (George Bähr)

1. 12. 1736 1. Konzert Johann Sebastian Bachs auf der Silbermannorgel

16. 3. 1738 Tod George Bährs

27. 5. 1743 Aufsetzen des Turmkreuzes zur Vollendung des Kirchenbaus (Abb. 4: Canaletto, Ansicht des Neumarktes zu Dresden, Öl, 1749)

1760 Vergeblicher Beschuß der Kuppel durch preußische Truppen

1842 Uraufführung des von Richard Wagner für die Frauenkirche komponierten Oratoriums »Das Liebesmahl der Apostel«

1924-1932 Rekonstruktion der Frauenkirche

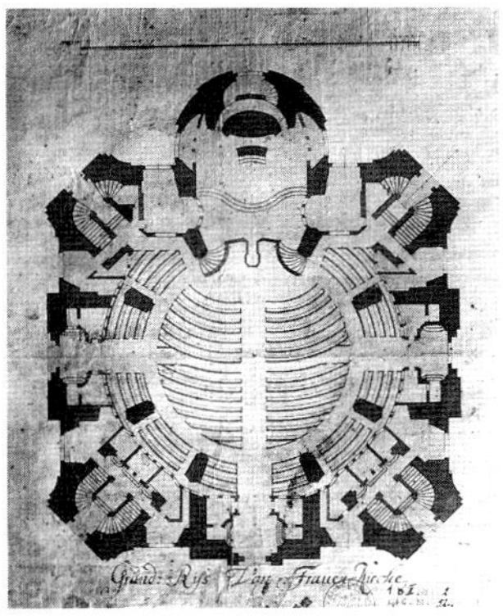

3

4

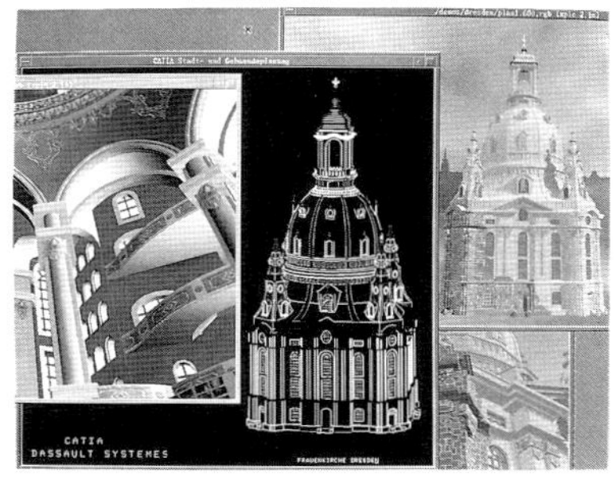

5

13.11.1932 Neuweihe (Landesbischof Ihmels)

1930 Berufung von Superintendent Hugo Hahn an die Frauenkirche, die zum Mittelpunkt der Bekennenden Kirche Sachsens wird

12.5.1938 Ausweisung Hahns aus dem Freistaat Sachsen durch Geheime Staatspolizei (ab 1947 Landesbischof von Sachsen)

1938-1943 Zweite Renovierung (Einziehen mehrerer Betonringanker)

29.11.1942 Erneute Weihe als »Dom zu Dresden« durch die »Deutschen Christen«

15.2.1945 Einsturz der ausgebrannten Frauenkirche infolge der englischen und amerikanischen Luftangriffe auf Dresden

1948-1949 Beginn der Steinbergung, Markierung von Ornamentsteinen

1959 Entwendung der schon sortierten Originalsteine durch die Behörden

1965 Die Ruine wird staatlicherseits zum Mahnmal erklärt. Politische Gedenkfeiern finden jeweils am 13. Februar statt.
Abends Gedenkläuten der Dresdner Kirchen, Kerzendemonstrationen an der Ruine, erste Verhaftungen in den achtziger Jahren.

24.11.1989 Gründung einer Bürgerinitiative für den Wiederaufbau der Frauenkirche

19.12.1989 Rede des Bundeskanzlers Helmut Kohl vor der Frauenkirche

13.2.1990 »Ruf aus Dresden« zum 45. Jahrestag der Zerstörung der Stadt: Hoffnung auf Wiederaufbau der Frauenkirche als »Stadtkirche«

18.3.1991 Zustimmung der ev.-luth. Landessynode zur »Stiftung Frauenkirche«

20.2.1992 Zustimmung der Dresdner Stadtverordneten mit großer Mehrheit

3.1.1993 Erneuter Beginn der Steinbergung für den archäologischen Wiederaufbau der Frauenkirche (Abb. 5: Ausblick auf die wiederaufgebaute Frauenkirche aus einer komplexen Computersimulation der IBM Deutschland)

Hans Strehlow wurde 1940 in Weixdorf bei Dresden geboren und wuchs – der Vater fiel 1941 – als Halbwaise auf. Nach dem Grundschulbesuch Ausbildung zum Lehrer. 1963 Beendigung der Tätigkeit im DDR-Volksbildungssystem. Anschließend Hilfsarbeiter und private Ausbildung zum Fotografen. 1970 bis 1976 Fernstudium der Fotografie an der Hochschule für Grafik und Buchkunst in Leipzig bei Horst Thorau. Seit 1978 freiberuflich in Dresden tätig.

Jens Wonneberger, 1960 in Ohorn (Oberlausitz) geboren, studierte an der Technischen Universität Dresden Bauingenieurwesen. Seit 1986 verschiedene Tätigkeiten als Hilfsarbeiter. Freie Mitarbeit bei Zeitungen und Zeitschriften, Veröffentlichungen in Anthologien. Seit 1992 freiberuflich tätig.

Für die Unterstützung beim Zustandekommen dieses Buches danken wir: dem Bundespräsidenten Herrn Richard von Weizsäcker für die Abdruckgenehmigung seiner Rede vom 13.2.1991; Herrn Kajo Kusen, Telefonbuchverlag Sachsen, für die Initiative zu diesem Buch und vielfältige Unterstützung; dem Landesamt für Denkmalpflege und der Sächsischen Landesbibliothek, Dresden; der IBM Deutschland sowie dem Museum für die Geschichte der Stadt Dresden für die kostenlosen Abdruckgenehmigungen der von ihnen zur Verfügung gestellten Bilder und schließlich Hans Strehlow und Jens Wonneberger für beispielhaft gute Zusammenarbeit.

Die Deutsche Bibliothek – CIP-Einheitsaufnahme
Der Atem der Steine : die Ruine der Frauenkirche in Dresden /
Hans Strehlow (Fotos). Jens Wonneberger (Text). – Mainz :
Schmidt, 1993
ISBN 3-87439-298-8
NE: Strehlow, Hans; Wonneberger, Jens

Gestaltung: ANAKONDA ateliers: Uta Schneider und Ulrike Stoltz
Fotos: Hans Strehlow, außer: IBM Deutschland S. 91;
Landesamt für Denkmalpflege, Dresden S. 90, 91;
Museum für die Geschichte der Stadt Dresden, Franz Zadnicek S. 90;
Sächsische Landesbibliothek, Dresden S. 2, 3
Gesetzt aus der Adobe Caslon Regular, Auszeichnungen in Bold, Italic, Semibold, Semibold Italic
Gedruckt auf BVS h'frei weiß matt gestrichen, chlorfrei, Bilderdruck der Papierfabrik Scheufelen, Lenningen
Gesamtherstellung: Universitätsdruckerei und Verlag H. Schmidt, Mainz
Lithographien: Saase & Heller, Ingelheim
Buchbinderische Verarbeitung: C. Fikentscher, Darmstadt

Printed in Germany · ISBN 3-87439-289-8